Ernst Probst

Mit Orang-Utans auf Du

Kurzbiografie der Anthropologin und Primatologin Biruté Galdikas

Ernst Probst

Mit Orang-Utans auf Du

Kurzbiografie der Anthropologin und Primatologin Biruté Galdikas

GRIN Verlag

1. Auflage 2012
Copyright © 2012 GRIN Verlag GmbH
http://www.grin.com
Druck und Bindung: Books on Demand GmbH, Norderstedt Germany
ISBN 978-3-656-30046-5

Biruté Mary Galdikas,
geborene Biruté Marija Filomena Galdikas

Ernst Probst

Mit Orang-Utans auf Du

*Kurzbiografie der Anthropologin
und Primatologin Biruté Galdikas*

*Meiner Ehefrau Doris
sowie meinen Kindern Beate, Sonja und Stefan
gewidmet*

Orang-Utan im „Cincinnati Zoo"

Biruté Galdikas

Die „Queen der Orang-Utans"

Weltweit die beste Kennerin der Orang-Utans wissenschaftlich *Pongo pygmaeus* genannt – ist die in Deutschland geborene und in Kanada aufgewachsene Anthropologin und Primatologin Biruté Mary Galdikas. Die Forscherin beobachtete in den tropischen Urwäldern auf dem indonesischen Teil der Insel Borneo (Kalimantan) mehr als vier Jahrzehnte lang das Leben dieser scheuen Menschenaffen.

Die Mutter von Biruté hieß Filomena Slapys und arbeitete als Krankenschwester. Sie war eine der drei Töchter der verwitweten Bäuerin Maria Slapys, die nach der Besetzung von Litauen am 15. Juni 1940 durch die Sowjetarmee nach Berlin flüchten konnte. Durch Zufall hatte Maria erfahren, dass sie auf einer Liste von Menschen stand, die nach Sibirien deportiert werden sollten. Sie hatte sechs Jahre lang in den USA gelebt, weswegen man sie „die Amerikanerin" nannte, und besaß einen ansehnlichen Bauernhof, der offenbar Begehrlichkeiten der Kommunisten weckte.

Der Vater von Biruté namens Antanas Galdikas war Unternehmer und allein aus Litauen nach Deutschland geflohen. Seine Verwandten glaubten, ihr Heimatland werde bald wieder unabhängig und wollten deswegen ihre Heimat und ihren Besitz nicht im Stich lassen.

Nach der Kapitulation der Führung des „Dritten Reiches" am 8. Mai 1945 kamen alle ausländischen

Marktkirche in Wiesbaden,
dem Geburtsort von Biruté Galdikas

Flüchtlinge, die sich in Deutschland aufhielten, in Lager. In einem derartigen Lager bei Stendal in der Altmark (Mitteldeutschland) lernten sich Filomena Slapyps und der hochgewachsene, muskulöse Antanas Galdikas kennen und verliebten sich ineinander. Die Familie Slapys verließ in Begleitung von Antanas Galdikas das Lager in Stendal und zog weiter nach Westen. Im Juni 1945 heirateten Filomena Slapis und Antanas Galdikas in Öbisfelde. Weil die „Rote Armee" näherrückte, strebte die Famile zusammen mit anderen Flüchtlingen zu Fuß weiter nach Westen. Eines Tages erreichten sie die amerikanisch besetzte Zone in Deutschland.

Am 10. Mai 1946 kam Biruté Marija Filomena Galdikas in der deutschen Großstadt Wiesbaden zur Welt. Den Namen ihres Geburtsortes erwähnte sie später in ihrem Buch „Meine Orang-Utans" allerdings nicht.

Eigentlich plante die gesamte Familie eine Auswanderung nach Amerika. Doch eine solche war nicht so leicht, weil die Amerikaner sich sehr wählerisch verhielten. Großmutter Maria und die Familie von Birutés Tante Eugenie wollten nicht lange warten und wanderten nach Australien aus. Dagegen musste die in Brooklyn geborene Tante Bronice, die im Alter von zwei Jahren die USA verlassen hatte und kein Wort Englisch sprach, nicht warten.

1948 wanderte Antanas Galdikas nach Kanada aus und arbeitete dort in Gold- und Kupferbergwerken. Ein Vierteljahr später folgten ihm seine Ehefrau Filomena und seine Tochter Biruté nach. Die Familie lebte anderthalb Jahre in Quebec, wo der Sohn Vytas Anthony zur Welt kam, und zog dann in die Großstadt Toronto.

Indianer vom Volk der Huronen.
Gemälde von Cornelius Krieghoff (1815–1872),
Original im McCord-Museum, Montreal

Dort wurden die Tochter Aldona und der Sohn Al geboren und erwarb die Familie ihr erstes Haus.

In Toronto ging Biruté an Samstagvormittagen zur litauischen Grundschule. Diese besuchte sie bis zur achten Klasse. Ihre Eltern legten großen Wert auf die Ausbildung ihrer Kinder. Eine respektvolle Bemerkung ihres Mathematiklehrers über den Doktortitel weckte bei Biruté den Wunsch, diesen akademischen Grad zu erreichen. Wenn es nach dem Willen ihrer Mutter gegangen wäre, hätte sie Ärztin werden sollen.

Während des Besuches der ersten Klasse der Grundschule lieh sich Biruté erstmals in einer öffentlichen Bibliothek ein Buch aus. Darin ging es um einen im Dschungel arbeitenden Forscher, dessen Affe namens „Georg Naseweis" schier unaufhörlich Bananen fraß. In der zweiten Klasse der Grundschule beschloss Biruté, sie wolle Forschungsreisende werden.

Bereits als Fünfjährige fragte sich Biruté, woher die Menschen kommen und wollte mehr darüber erfahren. Mit zwölf ging sie oft durch den „High Park" in Toronto, der zwei Straßen vom Haus ihrer Familie entfernt lag. In ihrer Phantasie erschien ihr dieser Park mit Landschildkröten und Stockenten wie eine unberührte Wildnis. Bei ihren Streifzügen hielt sie oft inne und beobachtete still und verborgen die Wildtiere des Parks. Dabei versetzte sie sich in Gedanken oft in die Rolle eines Indianers vom Volk der Huronen und es hätte sie nicht gewundert, wenn sie einen solchen angetroffen hätte.

Falls ihr Traum, Forschungsreisende zu werden, nicht in Erfüllung gehen konnte, wollte Biruté eine Balletttänzerin werden. Als Kind erhielt sie jahrelang Ballettunterricht.

Zur Zeit einer wirtschaftlichen Flaute in Kanada gaben die Eltern von Biruté ihr Immobiliengeschäft auf und verließen Toronto. Der Vater arbeitete nun im Uran-Bergbau am Elliot-See im nördlichen Kanada. Biruté besuchte die „Elliot Lake High School" und trug mit Gelegenheitsjobs zum Unterhalt der Familie bei.

Während ihrer Zeit an der High School interessierte sich Biruté immer mehr für Orang-Utans. Sie las ein Buch nach dem anderen über diese rötlichen asiatischen Menschenaffen. Orang-Utans zogen sie in den Bann, weil sie vermutete, jene müssten den Vorfahren der Menschen zu Beginn der Vorgeschichte ähneln.

Ende der 1950-er Jahre erwog die Familie Galdikas einen Umzug von Kanada nach Los Angeles in Kalifornien (USA), wo die Tante Bronice und ein Onkel lebten. Die Familie Galdikas hoffte, sie würde in Los Angeles leicht Arbeit finden. Doch es dauerte drei Jahre, bis die Familie Galdikas endlich nach Kalifornien kommen konnte. Die Eltern von Biruté waren kanadische Staatsbürger, wurden aber von US-Behörden als Litauer betrachtet, für die eine Einwanderungsquote von hundert Personen pro Jahr galt. Wer aber mit einem amerikanischen Bürger verwandt war, rückte auf der Liste der Antragsteller weit nach vorne. Während der Wartezeit in Kanada zog die Familie nach Vancouver.

Nach ihrem 17. Geburtstag schrieb sich Biruté an der „University of British Columbia" „UBC") in Vancouver ein. Ein Berater empfahl ihr das Studium der Infini-tesimalrechnung (Differentialrechnung und Integral-

rechnung), physikalischen Chemie und Kirchenge-
schichte des Mittelalters. An der „University of British
Columbia" hatte Biruté zeitweise den Eindruck, die
Dozenten würden mehr für sich selbst Lesungen
durchführen als für ihre Studenten. Nach ihren letzten
Klausuren fuhr sie im Bus zu ihrer inzwischen in Los
Angeles lebenden Familie.
Ungefähr ein halbes Jahr lang arbeitete Biruté in Los
Angeles ganztags. Nebenher besuchte sie Abendkurse
am „City College". Irgendwann reichten ihre Ersparnisse
für die Einschreibegebühren als externe Studentin der
„University of California" („UCLA") in Los Angeles
und sie konnte sich 1965 dort einschreiben. Nach
Ansicht von Biruté herrschten an der „UCLA" im
Gegensatz zur „University of British Columbia"
Tatendrang und Forschergeist. Biruté belegte Kurse über
die Biologie wirbelloser Meerestiere bis zur Arbeits-
psychologie. Sie eilte von einem Seminar zum anderen
und verbrachte viele Stunden mit Literaturstudium in
der Bibliothek.
Im Alter von 19 Jahren hatte Biruté ein Schlüsselerlebnis
für ihren weiteren Lebensweg. Sie saß unter mehr als
200 Studenten in der hintersten Reihe eines riesigen
Hörsales für Vorlesungen in Psychologie, als der Dozent
„die junge Britin, die mit Schimpansen lebt" erwähnte.
Später schrieb sie hierüber, von fernher sei ein kristall-
klarer Ton zu ihr gedrungen, er habe eine Weile
nachgehallt und sei dann allmählich verschwunden.
Erst zwei Jahre später erfuhr Biruté in einem Kurs über
Anthropologie den Namen jener „jungen Britin, die mit
Schimpansen lebt". Dabei handelte es sich um Jane

*Schimpansen-Forscherin Jane Goodall
im Oktober 2010*

Goodall. Wenn Biruté damals Fotos von Orang-Utans sah, fühlte sie sich zu diesen Menschenaffen hingezogen wie zu alten Bekannten. Ihr Wunschtraum war es, Urwälder im Fernen Osten zu durchstreifen, um Orang-Utans zu erforschen. Aus diesem Grund schrieb und verschickte sie allerlei Briefe, was jedoch erfolglos blieb.

Mit 19 Jahren erblickte Biruté Galdikas in Los Angeles zufällig einen jungen Mann, der danach in ihrem Privatleben schnell eine wichtige Rolle spielte. Bei der Heimfahrt von der Universität mit einem Auto, das ihr der Vater überlassen hatte, sah sie den 17-jährigen Kanadier Rod Brindamour. Rod stand mit dem jüngeren Bruder von Biruté auf einem Gehsteig. Dort hatte sie gerade ein Freund miteinander bekannt gemacht und die jungen Leute suchten einen Laden am Sunset Boulevard. Als sich die Blicke von Biruté und Rod trafen, lächelte der junge Mann gewinnend. Dies verwirrte die bebrillte Biruté so sehr, dass sie beinahe die Kontrolle über das Auto verloren, es auf den Bürgersteig gelenkt und Rod angefahren hätte. Es war sozusagen Liebe auf den ersten Blick. Obwohl beide nichts von der Ehe hielten, verlobten sie sich bereits nach einigen Tagen.

Zu jener Zeit sah Biruté aus wie ein Blumenkind der 1960-er Jahre. Sie trug mal Jeans, mal Miniröcke und ihre langen Haare reichten bis zu ihren Hüften. Rod hatte ebenfalls lange Haare. Mit seiner Lederjacke und seinem flotten Motorrad wirkte er wie ein Rebell, heißt es über ihn.

Rod Brindamour interessierte sich für Naturwissenschaften und hoffte auf ein College-Stipendium. Als

Paläontologe Louis Leakey (1903–1972)
mit Funden aus der Olduvai-Schlucht (Tansania)

sein Wunsch nicht in Erfüllung ging, wollte der begeisterte Motorradfahrer die Welt sehen.

1966 schloss Biruté Galdikas ihr Grundstudium in Psychologie mit „summa cum laude" („mit höchstem Lob") ab. Anschließend schrieb sie sich für das Aufbaustudium in Anthropologie mit dem Spezialgebiet Archäologie ein. Oft beteiligte sie sich am Wochenende an Ausgrabungen. Außerdem verbrachte sie ein Semester mit Freilandarbeit an der „University of Arizona" (Tucson) und arbeitete bei einer Grabung im Reservat von Fort Apache mit. Zusammen mit Judy Amesbury legte sie an einem kleineren Hang eine Begräbnisstätte frei. Von Judy erfuhr sie, dass diese einmal an den englisch-kenianischen Paläontologen Louis Leakey (1903–1972) geschrieben und angefragt habe, ob es möglich sei, in der Olduvai-Schlucht (Tansania) zu arbeiten. Überrascht hörte Biruté, das Ehepaar Leakey habe Judy ermutigt, zu kommen.

Im März 1969 hielt Louis Leakey an der „UCLA" eine Vorlesung über seine Fossilienfunde in Afrika. Obwohl der mehr als 65-Jährige nicht mehr der Gesündeste war, kaum noch Zähne trug und ohne Stock nicht gehen konnte, trat er als charismatischer Redner auf, der seine Zuhörer begeisterte. Als jemand fragte, welchen Stellenwert die Untersuchung von Primaten für das Verständnis der Evolution habe, antwortete er: „den höchsten". Lebende Primaten lieferten Modelle, anhand derer man die Knochen ausgestorbener Hominiden mit Fleisch bedecken könne. Außerdem erklärte er, er habe gerade ein Telegramm bekommen, in dem Dian Fossey mitgeteilt habe, die Berggorillas hätten sich so sehr an sie gewöhnt, dass ihr einer von ihnen die Schuhbänder öffne.

Nach dieser Veranstaltung stürzte die 22-jährige Biruté auf Louis Leakey zu, erzählte ihm, sie wolle Orang-Utans beobachten und berichtete über ihren bisherigen schulischen Werdegang. Als sie nach Haus kam, teilte ihre Mutter mit, jemand habe angerufen, Biruté solle Leakey am nächsten Tag aufsuchen.

Bei der erneuten Begegnung mit Leakey bestand Biruté bravourös Intelligenztests und bejahte unter anderem die Frage, ob sie sich den Blinddarm entfernen lassen würde. Danach teilte Leakey ihr mit, er werde Erkundigungen über einen geeigneten Ort für die Forschungsarbeit und deren Finanzierung einholen. Bis dahin sollten sie in Verbindung bleiben und Biruté sich bis September 1969 zum Aufbruch bereithalten. Weil Biruté vor ihrer Abreise noch ihr Magisterexamen ablegen und sich vom Fachbereich als Doktorandin aufnehmen lassen wollte, schlug sie den Januar im Folgejahr vor.

Doch im Januar 1970 passierte noch nichts. In der Folgezeit heirateten Biruté und Rod zuerst in Mexiko und später, als sie erfuhren, ihre in Mexiko geschlossene Ehe könne eventuell in Kalifornien nicht gültig sein, in Los Angeles noch einmal. Rod holte während der Wartezeit in Kanada seinen Schulabschluss nach und besuchte das College. Biruté erfüllte bis auf die Abfassung ihrer Doktorarbeit alle Vorausetzungen für ihre Promotion.

Leakey kam regelmäßig nach Los Angeles und traf sich dort mit Biruté. Er meinte, Biruté und Rod müssten außer den Flugkosten noch über mindestens 5.000 US-

Dollar verfügen. Als Alternative für das Orang-Utan-Projekt regte er die Erforschung von Zwergschimpansen (Bonobos) in Zaire (Kongo) an, doch Biruté wollte dies nicht.

Eines der Treffen von Biruté Galdikas mit Louis Leakey fand in der Wohnung der Familie Goodall in London statt. Dort lernte sie Jane Goodall, deren Mutter Vanne Goodall und Dian Fossey kennen. Louis und Biruté befassten sich stundenlang mit Listen für Versorgungsgüter, logistischer Planung und der Finanzierung des Orang-Utan-Projekts. Louis hatte zuvor mit einem amerikanischen Filmproduzenten Kontakt aufgenommen, der das Forschungsvorhaben finanzieren wollte, wenn er die Filmrechte bekam. Später zog der Filmproduzent aus Hollywood sein Angebot zurück. Stattdessen stellten die „Wilkie Brothers Foundation" und die „National Geograph Society" Gelder bereit.

Am 1. September 1971 brachen Biruté und Rod nach Südostasien auf. Seit dem Kennenlernen mit Leakey waren rund 30 Monate vergangen. Nach Zwischenaufenthalten in Washington, Rod eine Fotoausrüstung von der „National Geograph Society" lieh, und in London trafen Biruté und ihr Gatte in der kenianischen Hauptstadt Nairobi ein. Dort waren sie mehrere Wochen lang Gäste des Ehepaares Leakey. Louis zeigte den Beiden bedeutende Fundstellen wie Fort Ternan und die Olduvai-Schlucht, wo seine Ehefrau Mary arbeitete. Mary wirkte zunächst mürrisch, doch später taute sie auf und scherzte mit Biruté und Rod. Als Biruté und Rod aus Afrika abreisten, sahen sie den gebrechlichen Leakey zum letzten Mal. Er erlag am 1.

Oktober 1972 im Alter von 69 Jahren in London, wo er einen Vortrag halten wollte, einem Herzinfarkt.

Die Frage, wo Biruté ihre Forschungsstation errichten konnte, wurde von Walman Sinaga, dem Leiter der „Perlindungan dan Pengawetan Alam" („P.P.A."), der Behörde für Natur- und Artenschutz in Bogor südlich von Jakarta, beantwortet. Er wies ihr hierfür das Reservat von Tanjung Puting in der Provinz Kalimantan Tengah im Süden des indonesischen Teils der Insel Borneo zu. Dieses Reservat wurde seit Menschengedenken von keinem Ausländer betreten. Wunschziel von Biruté war eigentlich Sumatra gewesen, weil die wenigen bis dahin publizierten Studien über Orang-Utans auf Borneo durchgeführt wurden, aber sie fand sich mit Borneo ab. Zu der Zeit, in der Biruté Galdikas in Südostasien eintraf, lebten auf den Urwald-Inseln Borneo und Sumatra noch schätzungsweise 30.000 Orang-Utans. Ursprünglich sollen es mehrere hunderttausend solcher Menschenaffen gewesen sein.

Am 6. November 1971 erreichten Biruté und ihre Begleiter mit zwei Schnellbooten den Ort, wo die Forschungsstation entstehen sollte: eine Waldlichtung, ringsum von Wasser umgeben, die sie später „Camp Leakey" nannte. Dort stand, nur einen Meter über dem tropischen Torfmoor, eine kleine, von Holzfällern errichtete primitive Hütte mit Wänden aus Baumrinde und einem Dach aus Palmwedeln. Diese Hütte diente ihr mehrere Jahre lang als Zuhause. Am Abend soll ein männlicher Orang-Utan wiederholt aus der Ferne gerufen haben, berichtete ihr javanischer Begleiter Sugito. In der Hütte lebte Biruté mit ihrem Gatten und vier anderen Männern zusammen. Einen Hauch von Privatatmosphäre hatte sie erst nach Sonnenuntergang, wenn das Licht der Öllampchen den größten Teil der Hütte im Dunkeln ließ.

Zwei Tage nach ihrer Ankunft in Tanjung Puting sah Biruté die ersten wildlebenden Orang-Utans. Diese Menschenaffen erschienen ihr wie „Meister im Versteckspielen". Sie hangelten sich leise durch die dunklen Baumwipfel des Regenwaldes und blieben für die zunächst noch ungeübten Augen von Biruté unsichtbar. Von Tagesanbruch bis zum frühen Abend streifte Biruté durch den Regenwald und spähte nach Orang-Utans. Es dauerte Wochen, bis ihr formlose schwarze Schatten die Anwesenheit solcher Tiere verrieten. Außerdem entdeckte sie Schlafnester, aber keine Menschenaffen selbst. Schließlich erblickte sie zweimal vom Fluss Seykoner aus Orang-Utans. Doch wenn sie mit dem Einbaum in ihre Richtung zum Ufer paddelte, flohen die Tiere. Wenn sie, was selten vorkam, Orang-Utans im Regenwald sah, waren diese unter dem hohen Blätterdach fast verborgen.

Die Beobachtung der scheuen Orang-Utans erwies sich für Biruté Galdikas viel schwieriger als diejenige der Gorillas durch die Amerikanerin Dian Fossey (1932– 1985) oder der geselligen Schimpansen durch die Britin Jane Goodall. Gorillas und Schimpasen leben die meiste Zeit auf dem Boden und in größeren Verbänden. Orang-Utans dagegen halten sich meistens auf Bäumen auf, wo sie fast unsichtbar sind und lästige menschliche Beobachter mit Wurfgeschossen vertreiben wollen. Als Biruté Galdikas in das Revier der „Waldmenschen"

Gorilla-Forscherin Dian Fossey (1932–1985)

eindrang, warfen sie aus ihren Verstecken mit abgestorbenen Ästen nach der Forscherin, die nur deswegen nicht getroffen wurde, weil sich die „Geschosse" in Lianen verfingen.

Wie Jane Goodall bei den Schimpansen gab auch Biruté Galdikas den von ihr beobachteten Menschenaffen einen Namen. Der erste Orang-Utan, den sie wiederholt erkannte, war das Weibchen „Alice" mit großem, schwarzem Gesicht und unverwechselbar vorstehenden Backenknochen. Deren Kind nannte sie „Andy".

An Heiligabend 1971 hörte Biruté im Urwald das typische Geräusch knackender Äste, die das Nahen eines Orang-Utans ankündigen. Tatsächlich entdeckte sie ein Weibchen mit einem Jungen auf der Schulter, das an einem Baumstamm hochkletterte. Biruté bezeichnete das Weibchen als „Beth" und das Jungtier als „Bert". Besonderes Kennzeichen von „Beth" war eine deutlich sichtbare Runzel unter einem Auge.

„Beth" war über die Anwesenheit von Biruté und Rod nicht begeistert, warf Äste vom Baum herab, gab allerlei Laute von sich, flüchtete aber nicht. Stattdessen fraß sie etwas und baute aus Zweigen ein Tagesnest, in das sie stieg. Kaum eine Viertelstunde später verließ sie das Nest bereits wieder, zog langsam durch die Bäume weiter und machte nach Stunden in einem hohen Baum Halt, wo sie ein Borkenstück rundum benagte. „Beth" fraß an diesem Tag fünfmal Früchte und Rinde. Das Jungtier „Bert" umklammerte mit seinen Armen den Nacken seiner Mutter.

Irgendwann baute sich „Beth" in einer Baumkrone ein Schlafnest für die Nacht und zog sich zurück. Noch

Fressender Orang-Utan in freier Natur
auf Borneo (Indonesien)

vor Sonnenuntergang kehrten Biruté und Rod ins Camp zurück. Biruté war überglücklich, weil sie erstmals einen ganzen Tag lang einem in freier Natur lebenden Orang-Utan hatte folgen können. Biruté schrieb auf rund 30 Seiten ihres Notizbuches alles auf, was ihr besonders auffiel. Obwohl sie nicht mehr als einen halben Kilometer zurückgelegt hatte, war sie völlig erschöpft. Weil sie ständig zu den Bäumen hinaufgesehen hatte, schmerzte ihr Nacken.

Auch danach beobachtete Biruté weiterhin „Beth", die sich immer hoch in den Bäumen aufhielt und selbst zum Trinken nicht auf den Erdboden stieg. Die frischen Blätter und fleischigen Früchte waren in der Regenzeit voller Saft und boten genügend Flüssigkeit. Beim Vordringen in den Moorwald reichte Biruté das sonst knöcheltiefe, teerfarbene Wasser teilweise bis zu den Hüften. Die Nässe, Stiche von Moskitos und Sandfliegen, blutsaugende Egel und Ausschläge machten ihr zunehmend zu schaffen. Im ersten Jahr verloren Biruté und Rod jeweils rund zehn Kilogramm Körpergewicht. Ihre jeden Arbeitstag aufs Neue durchnässte Kleidung und ihre Schuhe moderten. Hinzu kamen anfangs Ungeduld, Frustration und die Angst zu versagen. Nachts huschten große Wolfspinnen durch ihre Hütte. Mitunter musste sie massenweise auftretende Feuerameisen aus ihrer Hängematte verscheuchen. Zuerst dachte das Ehepaar, es würde nur bleiben, bis Verstärkung käme.

Der erste Orang-Utan, der sich an die Anwesenheit der Menschenfrau Biruté gewöhnte, war ein männliches Tier, das sie wegen seines imposanten Kehlsacks „Throatpouch" („TP") nannte. Als sie dem schätzungsweise 90

Orang-Utan
im „Cincinnati Zoo"

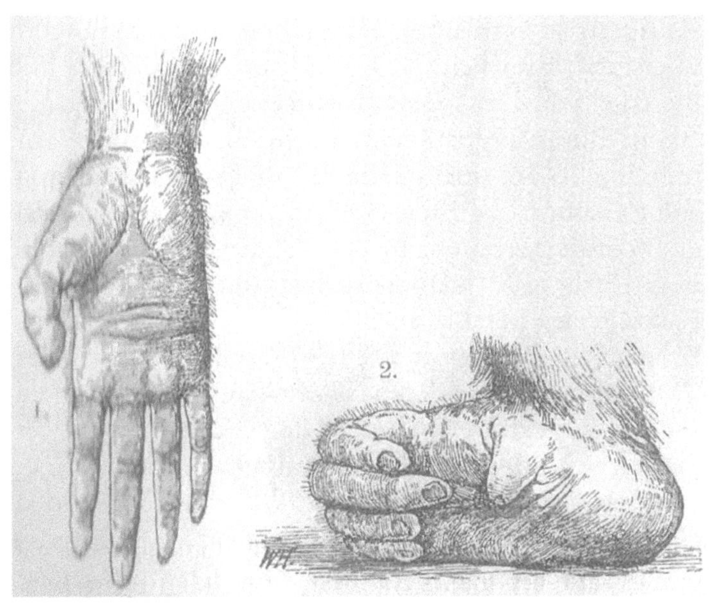

Hand und Fuß eines Orang-Utan.
Zeichnung von Walter Heubach (1865–1923)

Kilogramm schweren Männchen erstmals gegenüberstand, kam sich die Forscherin „schwächlich und mickrig" vor. Der mürrisch wirkende „TP" war einen Baum hinuntergerutscht, hatte Biruté „mit flammendem Blick und gesträubtem Haar" angestarrt, jedoch nicht angegriffen. Nach dieser Drohgebärde fraß er friedlich Termiten. In der Folgezeit konnte Biruté noch öfter „TP" dabei beobachten, als er aus den Baumkronen herabkam.

Einmal sah Biruté sogar einen Zweikampf zwischen „TP" und einem anderen Männchen, bei dem um ein Weibchen gestritten wurde. Die beiden Rivalen umfassten sich mit ihren langen, muskelbepackten Armen und fielen zusammen von einem Baum auf den Boden. Danach kletterten sie wieder hoch, bissen sich in die Schultern, Ohren und Backenwülste. Zum Schluss zog sich der Eindringling zurück und „TP" brüllte triumphierend laut und lang.

Die Beobachtung des Weibchens „Georgina" und verschiedener Männchen, mit denen dieses Tier wanderte und Kontakt aufnahm, zeigte Biruté Galdikas, dass „Sex eine mächige Kraft ist, die Orang-Utans zueinanderzieht". Durch „Georgina" gelangte Biruté auch zu interessanten Erkenntnissen über das soziale Netzwerk der Orang-Utans. Heranwachsende Orang-Utans streiften mit Gleichaltrigen umher. Erwachsene Männchen lebten am meisten zurückgezogen. Weibchen pflegten „distanzierte Freundschaften", aber auch „gepflegte Feindschaften". Ehemals gefangene Orang-Utans waren nach der Freilassung in die Wildnis einfallsreich, findig und geschickt bei der Nachahmung menschlicher Tätigkeiten und benutzten technische Hilfsmittel.

Weibliche Orang-Utans bekommen nur etwa alle sieben oder acht Jahre Nachwuchs, den sie vier oder bis zu sieben Jahre lang liebevoll betreuen. Wie sehr ein Orang-Utan-Kind von seiner Mutter abhängig ist, erfuhr Biruté Galdikas am eigenen Leib. Als sie für das verwaiste Baby „Sugito" als Ersatzmutter einsprang, klammerte sich ihr kleiner Pflegling Tag und Nacht an sie. Sobald sie „Sugito" anfangs gelegentlich abzusetzen versuchte, wurde dieser wütend oder schrie mitleiderregend.

Als erste Besucherin aus dem Westen kam 1973 die Orang-Utan-Forscherin Barbara Harrison ins „Camp Leakey". Sie hatte Ende der 1950-er und Anfang der 1960-er Jahre in Sarawak, einem Bundesstaat von Malaysia im Nordwesten von Borneo, wilde Orang-Utans beobachtet und verwaiste Tiere großgezogen. Biruté hatte das Buch von Barbara über Orang-Utans gelesen, bevor sie nach Indonesien aufgebrochen war. Eines Tages beobachteten Biruté und Barbara drei wildlebende Orang-Utans. Barbara erklärte hinterhier, dass sie noch nie so nahe an Orang-Utans in freier Natur herangekommen sei. Weil sie entsetzt war, wie primitiv Biruté und Rod lebten, stellte sie ihr einen Scheck über 300 US-Dollar für den Bau einer besseren Behausung aus.

1974 nahm Biruté Galdikas auf Burg Wartenstein in Niederösterreich am Wenner-Gren-Kongress über Große Menschenaffen teil. Alex Lennart Wenner Gren (1881–1961) war ein schwedischer Großindustrieller, der sich als Mäzen für Kultur und Wissenschaft verdient machte. Bei diesem Kongress hielt Biruté ein Referat über Orang-Utans, traf sich mit anderen Orang-Utan-Forschern sowie mit Jane Goodall und Dian Fossey. Biruté trug Bluejeans und ein einfaches Baumwollhemd, Dian einen einfachen Faltenrock, einen Kaschmir-Pullover und eine Perlenkette. Nach dem Kongress in Österreich flog Biruté nach Washington, traf sich dort mit Mary Griswold Smith von der „National Geograph Society", zeigte ihr Rods Fotos und kehrte einige Tage nach Los Angeles zurück.

Weil ihre Füße breiter geworden waren und nicht mehr in ihre eleganten Ausgeh-Schuhe passten, hielt sie ihren Vortrag in der „Leakey-Stiftung" barfuß. Zu ihrer Verwunderung sprachen die Leute fast ebensoviel über ihre bloßen Füße wie über ihre Forschungsarbeiten. Am 17. August 1974 flog sie nach Pangkalanbun zurück und traf einen Tag später in „Camp Leakey" ein.

1975 begann der Ausbau von „Camp Leakey". Der Bau des größeren und komfortableren Holzhauses mit einer Länge von 7,50 Metern und einer Breite von 4,50 Metern zog sich viele Monate dahin. Statt geschätzter 300 US-Dollar kostete diese Behausung 1.500 US-Dollar.

Dank eines Vortrages von Jane Goodall vor der „Zoologischen Gesellschaft" in New York City und des Engagements von Barbara Harrisson bot man Biruté Galdikas ein Forschungsstipendium an. Außerdem stellte ihr der Stiftungsrat der „Leakey-Stifung" bis zum Abschluss ihrer Doktorarbeit einen jährlichen Etat von 18.000 US-Dollar zur Verfügung. Als der Leiter der „P.P.A", Walmnan Sinaga, den Direktor einer niederländischen Stiftung über die Forschungsarbeit von Biruté informierte, stiftete diese 900 US-Dollar. Vom Forschungsstipendium wurden drei weitere Bauten errichtet: ein größeres Holzhaus, eine Esshütte und ein Langhaus für Mitarbeiter. Anfang 1976 existierten bereits die meisten der heute in „Camp Leakey" stehenden Bauten, einschließlich eines Turms und eines 200 Meter langen Bohlenweges über das Moor.

1975 kehrten Biruté und Rod erstmals zusammen nach Nordamerika zurück. In Washington beendete Biruté in der Geschäftsstelle der „National Geographic Society" ihren Artikel, der im Laufe des Jahres erschien. Jemand meinte, dieser Artikel würde ihr Leben verändern.

Nach fast fünf Jahren auf Borneo wurde Biruté schwanger. Ihr Kind kam in einem Krankenhaus in Jakarta in den frühen Morgenstunden zur Welt. Es war ein Sohn, der den Vornamen Binti erhielt. In der Sprache der Dajak ist Binti ein kleiner Vogel, der sehr hoch fliegt.

Für die Betreuung des Kleinen engagierte Biruté einige Monate lang eine 17-jährige Oberschülerin namens Yuni aus Jakarta. Letztere hatte bis dahin bei Nina Sulaiman, Prorektorin an der „Universitas Nasional" in Jakarta und gute Freundin von Biruté, als Kindermädchen gearbeitet. Yuni kam mit ins „Camp Leakey" und kümmerte sich dort um Binti so liebevoll, als ob es ihr eigenes Kind wäre. Ab der Zeit, in der Yuni sich im „Camp Leakey" aufhielt, kam es zwischen Biruté und Rod oft zu Konflikten. Der inzwischen auf die 30 zugehende Rod verbrachte viel Zeit mit der bildhübschen 17-jährigen Yuni und sprach nicht mehr viel mit seiner Ehefrau.

Am Tag ihrer Rückreise nach Jakarta ging Yuni mit Rod zum Frühstück zur Esshütte voraus. Biruté spielte mit ihrem Sohn Binti und wartete, dass Yuni zurückkam, was normalerweise nach etwa einer Viertelstunde geschah. Biruté, die ihren Morgenkaffee haben wollte, hörte Gelächter aus der Esshütte und wurde mit zunehmender Wartezeit immer wütender. Als Yuni erst nach anderthalb Stunden zurückkam, explodierte Biruté. Yuni fragte, warum Biruté so ärgerlich sei. Ihre vorherige Arbeitgeberin sei in all den Jahren, in denen sie für sie gearbeitet habe, nie so ärgerlich gewesen. „Natürlich nicht. Du hast ihr ja auch nie den Mann fortzunehmen versucht!" antwortete Biruté. Danach stand Yuni wie betäubt da, starrte Biruté an, begann dann hysterisch zu kreischen, fiel plötzlich ohnmächtig um und kam erst nach mehreren Stunden zu sich.

Biruté erzählte Rod, was passiert war. Danach wirkte er auf sie wie ein geschlagener Mann, sagte aber schließlich, er könne das Leben im Wald mit den Orang-Utans nie aufgeben. Sie brauche sich keine Sorgen zu machen. Yuni bat Biruté am Tag ihrer Abreise inständig, sie solle ihrer Tante nichts sagen.

Biruté hielt sich mit ihrem Ehemann Rod und ihrem Sohn Binti mehrere Monate lang in Los Angeles auf, als sie ihre Doktorarbeit machte. Während dieser Zeit wohnte sie bei ihren Eltern. Nach der Rückkehr nach Indonesien blieben Biruté und ihr Sohn in Jakarta einige Wochen im Haus der Sulaimans. Biruté nahm Yuni wieder mit ins „Camp Leakey" zur Betreuung ihres

Sohnes Eine andere Hilfe hatte sie nicht gefunden und Binti mochte Yuni gerne.

1978 kehrten Biruté, Rod und Binti nach Los Angeles zurück, wo Biruté ihre Doktorarbeit abschloss. Rod kehrte vorzeitig ins „Camp Leakey" zurück, weil das Lager angeblich ohne ihn nicht auskommen könne. In den Monaten, in denen Biruté mit Binti in Los Angeles allein war, schrieb sie kein einziges Mal an ihren Ehemann. Er sollte warten, bis sie ihren Doktortitel hatte.

Zurückgekehrt in Indonesien besuchte Biruté die Familie Sulaiman in Jakarta, bei der Yuni wieder wohnte. Im Wohnzimmer sah Biruté einen Stapel Post auf einer Truhe und zuoberst einen Brief von ihrem Ehemann Rod. Sie war gerührt und wollte den Brief gerade öffnen, als sie überrascht bemerkte, dass dieser nicht für sie, sondern für Yuni bestimmt war.

Beim Wiedersehen im „Camp Leakey" gaben sich Biruté und Rod nur die Hand und keinen Kuss. Eines Abends fragte Biruté ihren Ehemann, ob er Yuni jemals geküsst habe. Zu ihrem Entsetzen bejahte ihr Gatte dies. Außerdem erklärte er, er liebe Yuni, wolle sie heiraten und warte nur noch, bis sie mit der Schule fertig sei, um sie nach Kanada mitzunehmen.

Rod sagte zu Biruté, er habe siebeneinhalb Jahre nichts anderes getan, als den Orang-Utans zu dienen. Sie habe jetzt ihre Doktortitel und könnte allein weitermachen. Sie brauche ihn nicht mehr. Er habe seine Entscheidung, wegzugehen, bereits vor Jahren gefällt, aber noch abgewartet, bis sie ihre Promotion hinter sich habe. Jedes Jahr sei es ihm schwerer gefallen, nach Kalimantan zurückzukehren. Solange er lebe, wolle er nie mehr dorthin zurück. Ihn störten die ständige Geldnot, Krankheiten, Mangelernährung, dass Biruté alle wichtigen Entscheidungen traf und dass er keinerlei Studien- oder Berufsabschluss hatte. Er habe kein Auto, kein Bankkonto, keinen Arbeitsplatz, klagte Rod.

Weil in Indonesien der Schein wichtig ist, taten Biruté und Rod gegenüber Anderen so, als ob zwischen ihnen alles noch in Ordnung sei. Sie erklärten, Rod plane, nach Kanada zurückzukehren und dort zu studieren. Die Beiden lebten und arbeiteten zusammen weiter. „Aber es war eine Farce", schrieb Biruté später in einem Buch.

Es zerriss Biruté fast das Herz, dass ihr Ehemann Rod ihren Sohn Binti mit nach Kanada nehmen wollte. Spielgefährten des kleinen Jungen waren zeitweise Orang-Utans. Immer wieder forderte der Gatte von Biruté, Binti müsse bald in die Vorschule und dann nach Nordamerika, wo er zu Hause sei. Und Biruté gab ihm irgendwann recht.

Vor der Trennung hatte Rod, als sich Biruté eine Weile nicht im „Camp Leakey" aufhielt, den Dajak-Wanderfeldbauern Pak Bohap als Helfer eingestellt. Diesen Mann sah Biruté aber nicht gleich, weil er nach seinem kurzen Einsatz in sein Dorf zurückgekehrt war. Die meisten Dajak-Helfer waren Reisbauern, die ein oder zwei Monate ins „Camp Leakey" kamen, wenn sie auf ihren Reisfeldern nichts zu tun hatten.

Einige Monate später wollte Rod, dass Pak Bohap wieder ins „Camp Leakey" kam. Bei einer Rückfahrt aus

Pangkalanbun mit einem Geländefahrzeug hielten
Biruté und Rod in Pasir Panjang, um den Helfer
mitzunehmen. Bei dieser Gelegenheit sah Biruté
erstmals den 24-jährigen Pak Bohap, der schlank und
muskulös war, schulterlanges Haar trug und eine tiefe,
klangvolle Stimme hatte.
Im Dorf stieg nur Rod aus, Biruté blieb im Wagen. Rod
begrüßte einige herbeigeeilte männliche Dorfbewohner
und einer der Männer stieg durch die Hecktär in das
Fahrzeug. Bei der anschließenden Fahrt zum Lager
schaute Biruté immer wieder im Rückspiegel zu dem
sehr gut aussehenden Pak Bohap. Fast wäre sie dabei in
den Graben gefahren, wenn ihr Rod nichts ins Lenkrad
gegriffen hätte.
Ein halbes Jahr nach der Abreise von Rod brachte Biruté
ihren Sohn Binti zu ihrem Noch-Ehemannnach Kanada.
Sie hatte eine unbefristete Teilzeitanstellung im
Fachbereich Archäologie der „Simon-Fraser-
Universität" in Burnaby (British Columbia) in Kanada
bekommen. Dies versetzte sie in die Lage, einige Monate
im Jahr mit Binti gemeinsam zu verbringen. Rod und
Biruté ließen sich in Kalifornien scheiden. Einer Heirat
von Rod mit Yuni stand nun nichts mehr im Wege. Rod
machte später Karriere in „Computer Science".
Als Rod nicht mehr da war, verliebte sich Biruté bei
einem ihrer Gewaltmärsche zur Vermessung des
Reservats durch das indonesische Forstministerium in
Pak Bohap. Kurze Zeit danach heirateten die College-
Professorin und der Wanderfeldbauer. Aus dieser Ehe
gingen zuerst der Sohn Frederick und später die Tochter
Jane hervor. Die Familie bewohnt ein großes Haus in

Zeichnung eines Orang-Utan
von T. F. Zimmermann
aus dem Buch „Leitfaden der Naturgeschichte
des Thierreiches" (1876)

Pasir Panjang, wo Pak Bohap weiterhin als Bauer arbeitete. Der Ehemann, der nicht Englisch sprach, begleitete Biruté nicht auf Reisen zu Vorlesungen oder Seminaren nach Nordamerika.

Zusammen mit Pak Bohap, der inzwischen als stellvertretender Direktor des Orang-Utan-Forschungsprogramms arbeitet, setzt sich Biruté für die Restaurierung des durch Brandrodung stark demizimierten Regenwaldes ein. 1995 zog Biruté in dem Buch „Meine Orang-Utans" das Resümee ihrer Verhaltensstudien über die einzelgängerischen „Waldmenschen".

Der malayische Name Orang-Utan bedeutet zu deutsch „Dschungel-Mensch". Nach den Gorillas in Afrika gelten die Orang-Utans in Asien als zweitgrößte Art der Primaten. In zoologischen Fachbüchern werden Orang-Utans als bis zu 1,90 Meter große Menschenaffen mit rotbraunen, langen Haaren, aufgeblasenem Kehlsack, Turmschädel und starken Eckzähnen beschrieben. Das schiefergraue Gesicht des bis zu 100 Kilogramm schweren Männchens ist von breiten Backenwülsten umgeben und von einem Bart umrahmt.

Orang-Utans leben alleine, paarweise oder in kleinen Familien. Sie vagabundieren in der Wipfelregion von bis zu 30 Meter hohen Bäumen, kommen aber auch auf den Boden. Vor allem fressen sie Früchte und Blätter. Gelegentlich bereichern sie durch Eier und Vögel ihren Speisezettel. Nachts legen sie auf Bäumen ein Schlafnest an. Im Regenwald haben sie fast keine natürlichen Feinde. Es heißt, dass sie ein Alter von ungefähr 30 bis zu 35 Jahren erreichen können.

*Weiblicher Orang-Utan
im Moskauer Zoo*

Orang-Utans besitzen zu 97,5 Prozent das gleiche Erbgut wie heutige Menschen. Wer sie beobachte, könne auch sich selbst und seine Rolle in der Natur besser beobachten, hieß es im Hamburger Nachrichten-Magazin „Der Spiegel".

Mit seiner gelassenen Selbstständigkeit verkörpere der Orang-Utan einen großen Teil dessen, was wir Menschen in der heutigen hektischen Umwelt suchen, meint Biruté Galdikas. Wenn der Mensch seinen gelassenen Verwandten verlöre, verlöre er auch einen Teil von sich selbst.

Bei der Beobachtung Hunderter von Orang-Utans kam Biruté Galdikas zu neuen Erkenntnissen über diese schwersten Hangelkletterer Asiens. Unter anderem fand sie heraus, dass deren pflanzliche und tierische Nahrung mehr als 400 Speisen umfasst, dass sie von Angesicht zu Angesicht kopulieren und dass Weibchen etwa alle sieben oder acht Jahre Kinder gebären.

1986 beteiligte sich Biruté Galdikas an der Gründung der „Orang-Utan Foundation International" („OFI") mit Sitz in Los Angeles (Kalifornien) und wurde deren Präsidentin. Die „OFI" gilt heute als eine der führenden Schutzorganisationen für Orang-Utans. Als eine ihrer wichtigsten Maßnahmen gilt die Einführung von Wachposten und Patroullien entlang des Flusses Senkonyer, die wegen einer Welle illegalen Holzeinschlages nach dem Sturz von Präsident Suharto (1921–2008) im Jahre 1998 erfolgte. Damit wird der „Nationalpark Tankung Puting" vor illegalem Holzeinschlag geschützt.

Seit 1988 lehrt Biruté Galdikas als „Professorin für Anthropologie" an der „Simon Fraser University" in Burnaby in der kanadischen Provinz British Columbia. Etwa die Hälfte des Jahres verbringt sie jeweils auf Borneo. An der „Universitas Nasional" in Jakarta wirkt sie als Gastprofessorin. In den 1990-er Jahren nahm sie die indonesische Staatsbürgerschaft an.

Mindestens ebenso wichtig wie ihre Forschungsarbeit sowie ihre Professuren in Kanada und Indonesien erschienen Biruté Galdikas das Aufpäppeln und Auswildern von Orang-Utan-Jungen, die illegal gefangen und deswegen konfisziert worden sind. Insgesamt zog die Mutter von drei Kindern mehr als 100 verwaiste Menschenäffchen groß und entließ sie in die Wildnis. Aus Zuneigung zu den Orang-Utans lehnte sie ein Projekt ab, bei dem man die Routen dieser Menschenaffen durch den Regenwald telemetrisch aufzeichnen wollte. Sie hatte Bedenken, die unter die Haut operierten Minisender könnten nicht völlig ungefährlich für die Orang-Utans sein.

Für ihre Forschungsarbeit erhielt Biruté Galdikas zahlreiche hohe Auszeichnungen wie beispielsweise: „PETA Humanitaran Award" (1990), „Eddie Bauer Hero of the Earth" (1991), „Sierra Club Chico Mendes Award" (1992) und „United Nations global 500 Award" (1993). 1997 wurde Biruté zum „Officer of the Order of Canada" ernannt. In Italien bezeichnete man sie als „Queen der Orang-Utans". Fotos, die Biruté zeigen, zierten mehrfach die Titelseite der Naturzeitschrift „National Geographic". Aus ihrer Feder stammen die Bücher „Reflections of Eden: My Years with the

Orangutans of Borneo (1995), „Orangutang Odysee"
(1999) zusammen mit Harry N. Abrams und mit 125
Fotografien von Karl Ammann sowie „Great Ape
Odyssee (2005) zusammen mit Harry N. Abrams. Im
Dokumentarfilm „In the Wild: Orangutans with Julia
Roberts" (1992) sah man Biruté an der Seite des
Hollywood-Stars Julia Roberts auf dem Fernseh-
bildschirm.

Eingeborene Indonesier betrachteten die rotzotteligen
und langarmigen Orang-Utans früher als eine wilde
Variante der Menschen. Sie glaubten, diese geheim-
nisvollen Lebewesen könnten sprechen, würden es aber
nicht tun, damit sie nicht zur Arbeit gezwungen werden
könnten.

Weniger respektvoll gingen einst Europäer und
Amerikaner mit Orang-Utans um. Weil Zoos solche
Menschenaffen zeigen wollten, wurden holländische
Tierfänger in den Regenwäldern von Sumatra und
Borneo aktiv. Unterstützt von Eingeborenen kreisten
sie größere Urwaldgebiete ein und fällten alle Bäume
bis auf jene, auf die sich die Orang-Utans zurückgezogen hatten. Als die Menschenaffen aus Hunger ihre
Verstecke verließen, gerieten ganze Familien in die Netze
der Tierfänger. Zahlreiche Tiere starben beim Fang,
Schiffstransport oder durch von Menschen übertragene
Krankheiten im Zoo. Noch in den 1960-er Jahren tötete
man viele Orang-Utan-Mütter, um ihres Nachwuchses
habhaft zu werden und diese an Zoos verkaufen zu
können.

Sogar Naturforscher hatten früher erstaunlich wenig
Mitgefühl mit Orang-Utans. Um sie studieren oder

Palmölplantage

sezieren zu können, erschoss man viele dieser Menschenaffen.

Ursprünglich lebten Orang-Utans in weiten Teilen von Südostasien. Später wurden sie auf die Inseln Sumatra und Borneo zurückgedrängt. Heute sind diese Menschenaffen auf Sumatra und Borneo vor allem durch die Zerstörung ihres Lebensraumes vom Aussterben bedroht. Immer noch fressen sich Kettensägen in den Regenwald vor, obwohl sich die Regierung von Indonesien für den Schutz der Menschenaffen einsetzt. Der Regenwald wird vor allem abgeholzt, um stattdessen Holz- und Palmölplantagen anzulegen. Die Folge davon ist, dass die Orang-Utans immer mehr verdrängt werden. Nach Ansicht von Biruté Galdikas ist die Zahl dieser Menschenaffen seit drei Jahrzehnten um etwa die Hälfte zurückgegangen. Plantagenbesitzer fangen Orang-Utans und verkaufen sie zum Spottpreis von etwa 30 US-Dollar. Nach Angaben des „World Wildlife Fund" werden allein im indonesischen Teil von Borneo jährlich mehr als 1000 Orang-Utans das Opfer von Wilderei und illegalem Handel. In Küstenständen voln Java oder Bali werden Orang-Utans oft gegen Fernseh- oder Radiogeräte getauscht.

Autor Ernst Probst

Der Autor

Ernst Probst, geboren am 20. Januar 1946 in Neunburg vorm Wald im bayerischen Regierungsbezirk Oberpfalz, ist Journalist und Wissenschaftsautor. Er arbeitete von 1968 bis 1971 als Redakteur bei den „Nürnberger Nachrichten", von 1971 bis 1973 in der Zentralredaktion des „Ring Nordbayerischer Tageszeitungen" in Bayreuth und von 1973 bis 2001 bei der „Allgemeinen Zeitung", Mainz. In seiner Freizeit schrieb er Artikel für die „Frankfurter Allgemeine Zeitung", „Süddeutsche Zeitung", „Die Welt", „Frankfurter Rundschau", „Neue Zürcher Zeitung", „Tages-Anzeiger", Zürich, „Salzburger Nachrichten", „Die Zeit", „Rheinischer Merkur", „Deutsches Allgemeines Sonntagsblatt", „bild der wissenschaft", „kosmos", „Deutsche Presse-Agentur" (dpa), „Associated Press" (AP) und den „Deutschen Forschungsdienst" (df). Aus seiner Feder stammen die Bücher „Deutschland in der Urzeit" (1986), „Deutschland in der Steinzeit" (1991), „Rekorde der Urzeit" (1992), „Dinosaurier in Deutschland" (1993 zusammen mit Raymund Windolf) und „Deutschland in der Bronzezeit" (1996). Von 2001 bis 2006 betätigte sich Ernst Probst als Buchverleger sowie zeitweise als internationaler Fossilienhändler und Antiquitätenhändler. Insgesamt veröffentlichte er bis heute mehr als 200 Bücher, Taschenbücher, Broschüren und E-Books.

Literatur

DER SPIEGEL: Duell der roten Giganten. In den Urwäldern von Borneo hat die kanadische Anthropologin Biruté Galdikas jahrzehntelang mit Orang-Utans gelebt. Die scheuen, einzelgängerischen „Waldmenschen", wie die Affen von den Eingeborenen genannt werden, gewährten der Forscherin ungeahnte Einblicke in ihre Gewohnheiten und ihr soziales Verhalten, Hamburg„ 19. Juni 1995
DRÖSCHER, Vitus B.: WAS IST WAS, Band 89: Menschenaffen, Nürnberg 2004
FEMBIO http://www.fembio.org
FOSSEY, Dian: Gorillas im Nebel: Mein Leben mit den sanften Riesen, München 1989
GALDIKAS, Biruté M. F.: Meine Orang-Utans, München 1998
GALDIKAS, Biruté M. F. / KLEVER, K. A.: Meine Orang-Utans. Zwanzig Jahre unter den scheuen „Waldmenschen" im Dschungel Borneos, München 1997
GALLARDO, Eveylyn: Among the Orangutan: The Birute Galdikas Story, San Franciso 1993
GOODALL, Jane: Jane Goodall – Mein Leben für Tiere und Natur: 50 Jahre in Gombe, München 2010
GOODALL, Jane: Ein Herz für Schimpansen. Meine 30 Jahre am Gombe-Strom, Reinbek 1991
GOODALL, Jane / BERMAN, Philip / IFANG; Erika: Grund zur Hoffnung, München 2006

GOODALL, Jane / RIEN, Mark W.: Wilde Schimpansen. Verhaltensforschung am Gombe-Strom, Reinbek 1991

HAYES, Harold: Dian Fossey – Die einsame Frau des Waldes, München 1981

KARNATH, Lorie / BISCHOFF, Ursula: Verwegene Frauen: Weiblicher Entdeckergeist und die Erforschung der Welt, Luzern 2009

LEAKEY, Richard / LEWIN, Roger: Die Menschen vom See. Neueste Entdeckungen zur Vorgeschichte der Menschheit, München 1979

MELCHIOR, Gerda / SCHÜTZ, Volker: Jane's Journey. Die Lebensreise der Jane Goodall, Feldafing 2010

MOWAT, Farley: Das Ende der Fährte. Die Geschichte der Dian Fossey und der Berggorillas in Afrika, Köln 1995

NIELSEN, Maja: Abenteuer & Wissen. Jane Goodall und Dian Fossey: Unter wilden Menschenaffen, Hilodesheim 2008

PROBST, Ernst: Superfrauen 5 – Wissenschaft", Mainz-Kostheim 2001

RÜTTIMANN, Belinda: Dian Fossey. Eine Arbeit übr das Leben und Wirken von Dian Fossey und ihr Einfluss über die Grenzen ihres Wirkungsortes hinaus. Maturarbeit, Zug 2002

THOMAS, Elizabeth Marshall / MONTGOMERY, Sy: Walking with the Great Apes: Jane Goodall, Dian Fossey, Biruté Galdikas, Boston 2003

WIKIPEDIA (Online-Lexikon) http://wikipedia.org

Bildquellen

Bücher von Ernst Probst

Affenmenschen
Von Bigfoot bis zum Yeti

Annie Oakley
Die Meisterschützin des Wilden Westens

Archaeopteryx. Die Urvögel aus Bayern

Christl-Marie Schultes. Die erste Fliegerin in Bayern
(zusammen mit Theo Lederer)

Cortés und Malinche. Der spanische Eroberer
und seine indianische Geliebte

Das Dinotherium-Museum Eppelsheim
Führer durch die Ausstellung
(zusammen mit Dr. Jens Lorenz Franzen
und Heiner Roos)

Der Europäische Jaguar

Der Mosbacher Löwe
Die riesige Raubkatze aus Wiesbaden

Der Rhein-Elefant
Das Schreckenstier von Eppelsheim

Die Dolchzahnkatze *Smilodon*

Die Säbelzahnkatze *Machairodus*

Die Säbelzahnkatze *Homotherium*

Dinosaurier in Deutschland. Vom *Efraasia*
bis zu *Sellosaurus*

Dinosaurier von A bis K. Von *Abelisaurus*
bis zu *Kritosaurus*

Dinosaurier von L bis Z. Von *Labocania*
bis zu *Zupaysaurus*

Eiszeitliche Geparde in Deutschland

Eiszeitliche Leoparden in Deutschland

Frauen im Weltall

Höhlenlöwen. Raubkatzen im Eiszeitalter

Johann Jakob Kaup
Der große Naturforscher aus Darmstadt

Julchen Blasius. Die Räuberbraut des Schinderhannes

Königinnen der Lüfte in Deutschland

Königinnen der Lüfte in Europa

Königinnen der Lüfte in Amerika

Königinnen der Lüfte von A bis Z

Königinnen des Films 1

Königinnen des Films 2

Königinnen des Films in Italien

Königinnen des Tanzes

Königinnen des Theaters

Malende Superfrauen

Meine Worte sind wie die Sterne
Die Entstehung der Rede des Häuptlings Seattle
(zusammen mit Sonja Probst)

Monstern auf der Spur
Wie die Sagen über Drachen, Riesen
und Einhörner entstanden

Pompadour und Dubarry. Die Mätressen
von Louis XV.

Raub-Dinosaurier von A bis Z.
Mit Zeichnungen von Dmitry Bogdanav
und Nobu Tamura

Superfrauen 8 – Literatur

Superfrauen 9 – Malerei und Fotografie

Superfrauen 10 – Musik und Tanz

Superfrauen 11 – Feminismus und Familie

Superfrauen 12 – Sport

Superfrauen 13 – Mode und Kosmetik

Superfrauen 14 – Medien und Astrologie

Sturzflüge für Deutschland. Kurzporträt der
Testpilotin Melitta Schenk Gräfin von Stauffenberg
(zusammen mit Heiko Peter Melle)

Tony und Bruno Werntgen. Zwei Leben für die
Luftfahrt (zusammen mit Paul Wirtz)

Zenobia von Palmyra. Eine Frau kämpft
gegen die Römer

Bestellungen bei: http://www.grin.com